Y.Rameswara Reddy

Avanços nas técnicas de soldadura por fricção

Y.Rameswara Reddy

Avanços nas técnicas de soldadura por fricção

Uma técnica melhorada para a soldadura por fricção de estruturas de liga de alumínio

ScienciaScripts

Imprint
Any brand names and product names mentioned in this book are subject to trademark, brand or patent protection and are trademarks or registered trademarks of their respective holders. The use of brand names, product names, common names, trade names, product descriptions etc. even without a particular marking in this work is in no way to be construed to mean that such names may be regarded as unrestricted in respect of trademark and brand protection legislation and could thus be used by anyone.

Cover image: www.ingimage.com

This book is a translation from the original published under ISBN 978-620-6-77524-9.

Publisher:
Sciencia Scripts
is a trademark of
Dodo Books Indian Ocean Ltd. and OmniScriptum S.R.L publishing group

120 High Road, East Finchley, London, N2 9ED, United Kingdom
Str. Armeneasca 28/1, office 1, Chisinau MD-2012, Republic of Moldova, Europe
Printed at: see last page
ISBN: 978-620-8-33646-2

RESUMO

A soldadura por fricção (FSW) é um método de soldadura em estado sólido que pode ser utilizado tanto em materiais comparáveis como dissimilares. A tecnologia é frequentemente utilizada porque gera soldaduras de qualidade e evita problemas comuns, como fissuras de solidificação e de liquefação, que estão associados aos processos de soldadura por fusão. A soldadura FSW do alumínio 5086 e das suas ligas foi comercializada, e existe um interesse renovado na ligação de materiais dissimilares. No entanto, antes de o processo poder ser comercializado, devem ser efectuados estudos de investigação para descrever e definir janelas de processo.

Em particular, o FSW levou os investigadores a tentar combinar materiais incompatíveis com caraterísticas diferentes, como o alumínio 5086, e foram formadas soldaduras sólidas sem ou com poucos compostos intermetálicos. Este artigo analisa a investigação atual sobre o FSW entre o alumínio 5086, incluindo a microestrutura da soldadura, os ensaios mecânicos e os métodos de produção. A investigação futura sobre este tema é também discutida. Este projeto tem como objetivo manter uma velocidade de rotação (rpm) de 850-1300. Velocidade de soldadura (mm/min): 7.0-7.5. A NASA utiliza a soldadura por fricção para combinar materiais diferentes ou iguais em várias aplicações.

Palavras chave: Liga de alumínio, ferramenta HSS 13, pinças, FSW

Capítulo 1

INTRODUÇÃO

1.1 SOLDADURA POR FRICÇÃO

A soldadura por fricção (FSW) foi inventada no The Welding Institute (TWI) do Reino Unido em 1991 como uma técnica de união em estado sólido, tendo sido inicialmente aplicada a ligas de alumínio. Na sua essência, a FSW é muito simples, embora uma breve consideração do processo revele muitas subtilezas. Uma ferramenta rotativa é pressionada contra a superfície de duas chapas encostadas ou sobrepostas. O lado da soldadura para o qual a ferramenta rotativa se move na mesma direção que a direção de deslocação é normalmente conhecido como o lado de avanço e o outro lado, onde a rotação da ferramenta se opõe à direção de deslocação, é conhecido como o lado de recuo. Uma caraterística importante da ferramenta é uma sonda (pino) que se projecta da base da ferramenta (o ombro), e tem um comprimento apenas marginalmente inferior à espessura da placa. É gerado calor por fricção, principalmente devido à elevada pressão normal e à ação de corte do ombro. A soldadura por fricção pode ser considerada como um processo de extrusão forçada sob a ação da ferramenta. O aquecimento por fricção provoca a formação de uma zona amolecida de material à volta da sonda. Este material amolecido não pode escapar, uma vez que está limitado pelo ombro da ferramenta. À medida que a ferramenta se desloca ao longo da linha de junta, o material é arrastado em torno da sonda da ferramenta entre o lado de recuo da ferramenta (onde o movimento local devido à rotação se opõe ao movimento de avanço) e o material não deformado circundante. O material extrudido é depositado para formar uma junta de fase sólida atrás da ferramenta. O processo é, por definição, assimétrico, uma vez que a maior parte do material deformado é extrudido para além do lado de recuo da ferramenta.

1.2 DEFINIÇÃO

A soldadura por fricção é um processo de junção de materiais em que duas ou mais peças metálicas são unidas através do aquecimento por fricção e da mistura de material no estado plástico provocado por uma ferramenta rotativa que atravessa a soldadura. O FSW é considerado o desenvolvimento mais significativo na união de metais numa década. A máquina de soldadura por fricção é operada por um operador de FSW competente que executa a soldadura por fricção totalmente mecanizada ou automática.

O principal objetivo dos módulos seguintes é dar uma visão geral do processo FSW. Começa com informação básica sobre FSW e terminologia, seguida das vantagens e desvantagens deste processo, caraterização do equipamento de soldadura, ferramentas e materiais de base. No final do módulo, são descritas as preocupações gerais relativas à saúde e segurança dos operadores.

A soldadura por fricção é considerada como o desenvolvimento mais significativo na união de metais numa década. Na soldadura por fricção não é utilizado qualquer gás de cobertura ou fluxo, o que torna o processo amigo do ambiente, eficiente em termos energéticos e versátil, ou seja, é uma "tecnologia verde". A união não envolve qualquer utilização de metal de adição e, por conseguinte, qualquer liga de alumínio pode ser unida sem preocupação com a compatibilidade da composição, que é um problema na soldadura por fusão. Na soldadura por fricção não é utilizado qualquer gás de cobertura ou fluxo, e não envolve qualquer utilização de metal de adição, pelo que as propriedades das juntas são melhoradas em comparação com o metal de base. A soldadura por fricção pode ser aplicada a vários tipos de juntas, como juntas de topo, juntas sobrepostas, juntas de topo em T, tubos e juntas de filete com diferentes espessuras e diferentes perfis.

A técnica FSW foi inicialmente desenvolvida para ligas de Al, mas tem também um grande potencial para a soldadura de compósitos de matriz de ligas de Mg-, Cu-, Ti-, Al-, chumbo, alguns aços, aços inoxidáveis e diferentes combinações de materiais, particularmente aqueles com temperaturas de fusão próximas e comportamento semelhante, como a trabalhabilidade a quente. No entanto, são necessárias ferramentas de agitação económicas para soldar alguns destes materiais, como os compósitos de matriz metálica e os que têm temperaturas de fusão elevadas, ou seja, os aços e as ligas de titânio. Neste processo, são tidos especialmente em conta parâmetros importantes, como o material da ferramenta, a conceção da ferramenta, a rotação da ferramenta, a força descendente e a velocidade de soldadura ao longo da linha de junção, gerando um aquecimento por fricção que amolece o material sob a ferramenta. O material amolecido flui em torno da ferramenta através de uma extensa deformação plástica e é consolidado atrás da ferramenta para formar uma junta contínua em estado sólido.

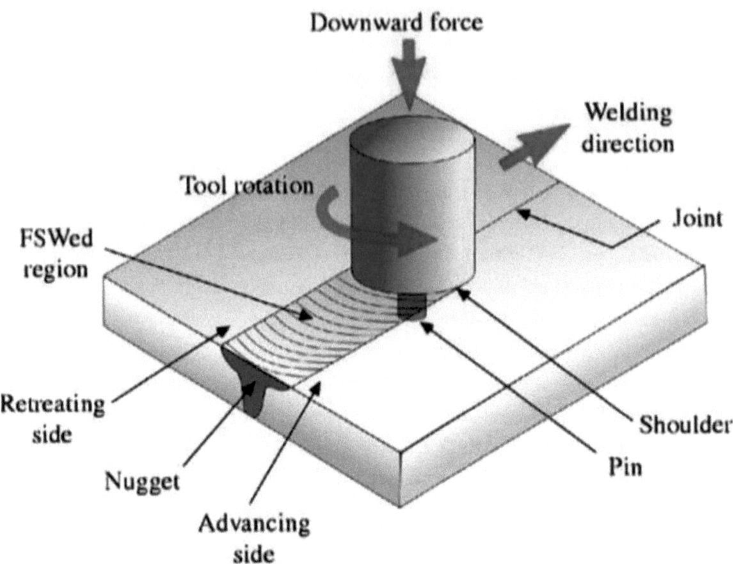

Figura.1.1 Vista esquemática do FSW

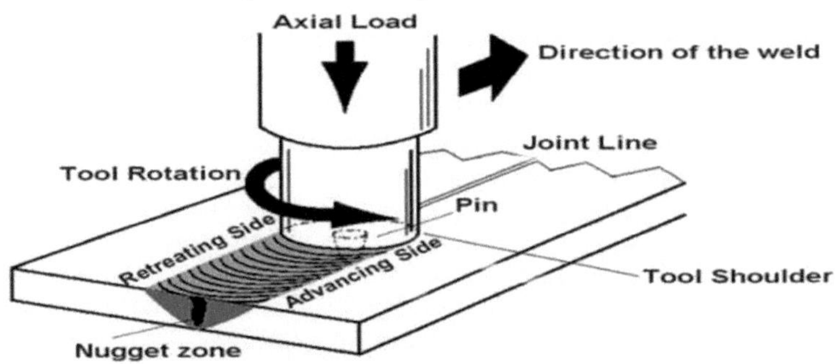

Figura.1.2 Vista esquemática do FSW

As placas são posicionadas no dispositivo de fixação, que é preparado para o fabrico de juntas FSW, utilizando grampos mecânicos para que a placa não se separe durante a soldadura ilustrada. A ferramenta é fixada no porta-ferramentas da máquina de fresar e a cabeça de fresagem é inclinada com um ângulo de inclinação de 00 a 30 em relação ao eixo vertical. A velocidade da ferramenta pode ser selecionada entre 710 e 1800 rpm com base no material da chapa e na espessura a soldar. A ferramenta é baixada durante a rotação e mergulhada nas chapas quando o ombro toca na chapa, gerando calor. Após alguns segundos, o movimento da mesa é efectuado e pode variar de 16 a 800 mm/min. O desenho de duas ferramentas recentemente desenvolvidas, utilizadas no presente trabalho, é ilustrado na Figura.

É de notar que, em cada desenho, a forma e o tamanho são os mesmos e a superfície do ombro é plana. O diâmetro do ressalto é de 18 mm. A área do ombro em contacto com a superfície da peça de trabalho é a mesma em todos os dois casos. Foram utilizadas duas formas idênticas de cavilha com perfil de ombro plano e cavilha roscada. É de notar que o comprimento da cavilha é diferente em cada caso, enquanto a área da superfície da cavilha em contacto com as placas de metal de base adjacentes é diferente e depende do comprimento da cavilha. Para efeitos de soldadura, é utilizada uma máquina de fresagem universal. Foram efectuados ensaios antes de realizar as experiências reais. Outros parâmetros do processo, como o desempenho mecânico da soldadura e a resistência à tração, são medidos e o valor calculado é comparado com o material de base.

1.3 HISTÓRIA E DESENVOLVIMENTO DA SOLDADURA

Um dos processos de soldadura em estado sólido é a soldadura por fricção. O Instituto de Soldadura (TWI) do Reino Unido criou-o e patenteou-o em 1991 com o objetivo de soldar topo a topo e por sobreposição materiais ferrosos, não ferrosos e plásticos. Devido às suas vantagens em relação à soldadura por fusão, incluindo uma menor sensibilidade aos contaminantes, uma distorção reduzida e uma maior resistência e qualidades de fadiga, foi utilizada pela primeira vez em ligas de alumínio. A FSW foi implementada em várias indústrias, incluindo os sectores automóvel, aeroespacial, ferroviário e marítimo. Está a ser cada vez mais utilizada para soldar materiais que se pensa convencionalmente não serem soldáveis, como as ligas de alumínio 2XXX e 7XXX. A investigação adicional tem como objetivo expandir a gama de materiais que podem ser utilizados na soldadura por fricção, tais como termoplásticos, compósitos de matriz de chumbo, Mg-, Cu-, Ti-, e ligas de Al, bem como aços inoxidáveis e materiais dissimilares [1-1, 1-2, 1-3, 1-4].

O avanço do design, dos materiais e da construção leves é crucial para reduzir o consumo de combustível e aumentar a economia. Por razões económicas e ambientais, o transporte rodoviário, ferroviário, marítimo e aéreo baseia-se na utilização do alumínio e das suas ligas. A produção de óxido de alumínio, a elevada entrada de calor e o desenvolvimento de problemas de deformação térmica são as caraterísticas dos processos de soldadura MIG e TIG. O custo de fabrico das montagens rebitadas é superior ao das montagens soldadas, e os orifícios necessários para a inserção dos rebites concentram a tensão. O facto de as montagens rebitadas não serem à prova de fugas e estanques é outro problema. Estes problemas foram resolvidos com o advento do FSW.

O desenvolvimento inicial da soldadura por pontos por fricção (FSSW) teve lugar na Kawasaki Heavy Industry e na Mazda Motor Corporation, respetivamente. O objetivo deste novo método de soldadura por pontos é substituir os métodos de união existentes, incluindo o clinching, os rebites auto-perfurantes e a soldadura por pontos por resistência. Devido às caraterísticas físicas do alumínio, a FSSW é usada principalmente para unir ligas de alumínio. Isto reduz o custo dos consumíveis utilizados durante o fabrico da montagem (rebites auto-perfurantes) ou, no caso da soldadura por pontos por resistência, o Manual de Soldadura por Foucault para Operadores 22 reduz o custo da preparação dos eléctrodos e o consumo de eletricidade. Quando a soldadura por pontos foi utilizada para construir os painéis das portas traseiras do Mazda RX-8 em 2003, a empresa registou uma redução de 99% no consumo de energia em relação ao método convencional anterior.

O procedimento é conhecido como FSW de ponto puro, uma vez que apenas envolve as fases de imersão e retração.

A soldadura por pontos por fricção precisa de ser mais investigada e aperfeiçoada e, atualmente, divide-se em três categorias:

1. Ponto puro FSSW,
2. Recarga FSSW,
3. Swing FSSW.

O problema de um buraco de fechadura (ou buraco de saída) resultante da retração da ferramenta no final da soldadura, no meio da junta, é resolvido pela soldadura por fricção com enchimento. O orifício de saída que surge durante a soldadura por pontos por fricção tradicional é contornado na soldadura por pontos com enchimento, uma técnica que também pode ser utilizada para reparação. Uma vez que a região soldada é criada utilizando um procedimento semelhante à extrusão posterior, é possível a formação de uma soldadura totalmente consolidada.

A terceira variação da FSSW é denominada swing FSSW. O resultado desta operação é uma marca de forma elíptica. O ponto alongado proporciona uma área de contacto mais ampla e, consequentemente, uma maior resistência da junta em comparação com o círculo perfeito obtido durante a FSSW de ponto padrão [1-1]. *

1.3.1. IDADE MÉDIA

O desenvolvimento histórico da soldadura remonta aos tempos antigos. Os exemplos mais antigos datam da Idade do Bronze. Pequenas caixas circulares douradas eram fabricadas através da soldadura por pressão de juntas sobrepostas. Calcula-se que estas caixas tenham sido fabricadas há mais de 2000 anos. Foram encontradas muitas ferramentas fabricadas aproximadamente no ano 1000 a.C. Durante a Idade Média, desenvolveu-se a arte da ferraria e foram produzidas muitas peças de ferro soldadas por martelagem.

1800

A descoberta do acetileno é atribuída a Edmund Devy, de Inglaterra, em 1836. A produção de um arco entre dois eléctrodos de carbono utilizando uma bateria é atribuída a Sir Humphrey Davy em 1800. Em meados do século XIX, foi inventado o gerador elétrico e a iluminação por arco tornou-se popular. No final do século XIX, a soldadura e o corte a gás foram desenvolvidos.

1900

Aproximadamente durante o período de 1900, Strohmenger introduziu um elétrodo de metal revestido na Grã-Bretanha. Entretanto, foram desenvolvidos processos de soldadura por resistência, incluindo a soldadura por pontos, a soldadura por costura, a soldadura por projeção, a soldadura rápida e a soldadura topo a topo. A Primeira Guerra Mundial trouxe uma enorme procura de produção de armamento e a soldadura foi posta ao serviço.

1919

Imediatamente após a guerra, em 1919, vinte membros do comité de soldadura da corporação da frota de emergência, em tempo de guerra, sob a liderança de Avery Adams, fundaram a Sociedade Americana de Soldadura como uma organização sem fins lucrativos dedicada ao avanço da soldadura e processos afins.

1920

Em 1920 foi introduzida a soldadura automática. Utilizava um fio de elétrodo nu operado em tensão de arco direta e utilizado como base para regular a taxa de alimentação. A soldadura automática foi introduzida por P.O Nobel da companhia eléctrica alemã. É utilizada para reparar veios de motores e rodas de gruas desgastados. Foi também utilizada pela indústria automóvel para produzir carcaças de eixos traseiros. Durante este período, foram desenvolvidos vários tipos de eléctrodos de soldadura.

1940

A soldadura de pernos foi desenvolvida em 1930 no estaleiro naval de Nova Iorque, especialmente para fixar decks de madeira sobre uma superfície metálica. A soldadura com pernos tornou-se popular nas indústrias da construção naval e da construção civil.

1960

A soldadura por arco de tungsténio gasoso (GTAW) teve o seu início a partir de uma ideia de C.L. Coffins para soldar numa atmosfera de gás não oxidante. Este conceito foi desenvolvido com sucesso no Battelle Memorial Institute em 1948, sob o patrocínio da empresa de redução de ar. Outra variação foi a utilização de gás inerte com pequenas quantidades de oxigénio que proporcionou a transferência de arco tipo spray.

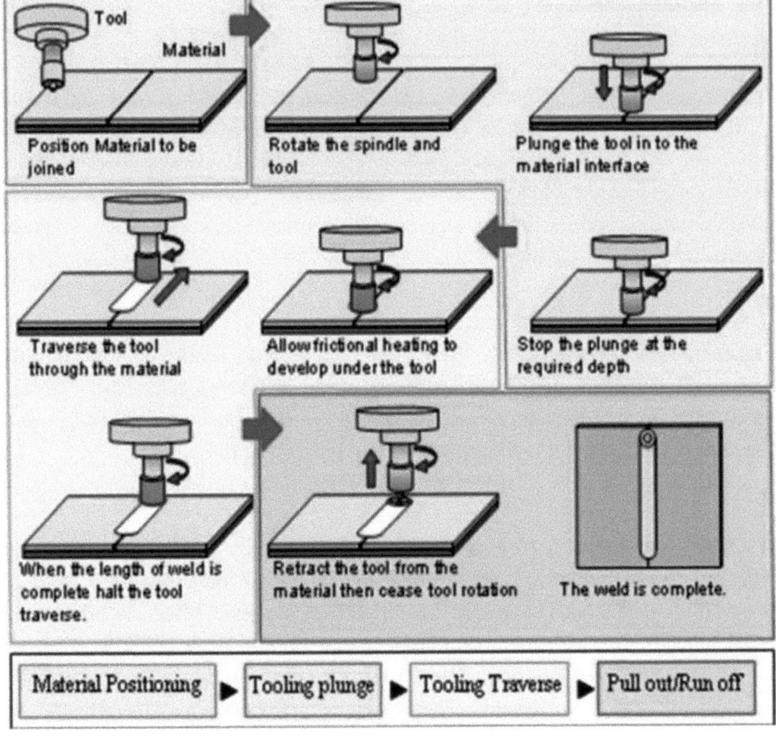

Figura.1.3 GRÁFICO DE FLUXO DA FSW

Vantagens e desvantagens do FSW

Três tipos de benefícios estão associados ao processo FSW: benefícios metalúrgicos, ambientais e energéticos.

Vantagens metalúrgicas:

- ✓ Processo de união em fase sólida
- ✓ Pequena distorção
- ✓ Elevada estabilidade dimensional e repetibilidade
- ✓ Sem perda de elementos de liga
- ✓ Excelentes propriedades mecânicas na junta
- ✓ Estrutura fina recristalizada
- ✓ Não ocorrência de fissuras de solidificação.

Benefícios ambientais:

- ✓ Não é necessário gás de proteção
- ✓ Requer uma preparação mínima da superfície

- ✓ Elimina os resíduos de trituração
- ✓ Elimina os produtos de limpeza com solventes e desengordurantes
- ✓ Poupanças em materiais de consumo
- ✓ Ausência de emissões nocivas.

Benefícios energéticos:

- ✓ Consumo de energia reduzido em comparação com a soldadura a laser
- ✓ A minimização do peso da junta leva a uma diminuição do consumo de combustível em aplicações para automóveis, navios e aviões
- ✓ A redução do peso resulta de uma melhor utilização dos materiais.

As desvantagens do processo FSW incluem: -

- ❖ Como se trata de um processo de estado sólido, ocorre um grande desgaste da ferramenta durante a fase de mergulho, uma vez que o material da peça de trabalho está frio nessa altura

- ❖ As velocidades de soldadura em FSW são mais lentas e conduzem a uma baixa produtividade

- ❖ O equipamento utilizado para a soldadura FSW é maciço e dispendioso, devido às elevadas forças de soldadura

- ❖ Os materiais com elevada temperatura de fusão, como o aço e o aço inoxidável, são conhecidos pelas limitações das ferramentas de soldadura Manual para Operadores de Soldadura por Foucault 77

- ❖ A ausência de um fio de enchimento significa que o processo não pode ser facilmente utilizado para fazer soldaduras em ângulo.

- ❖ Presença de um orifício de saída após o processo FSW convencional [1-4, 1-11, 1-40].

Principais aplicações do FSW :-

Aeronáutica e indústria aeroespacial

A técnica FSW permite reduzir o peso e os custos de fabrico. As juntas mais comuns são as nervuras, as longarinas e as peles das longarinas. Asas, fuselagens, empenagens, painéis de pavimento, portas de trens de aterragem de aeronaves, tanques de combustível criogénico para naves espaciais e tanques de combustível de aviação podem ser fabricados com esta tecnologia.

Construção naval

O procedimento FSW pode ser utilizado para soldar painéis para instalações de refrigeração, mastros e lanças, alojamentos off-shore, cascos e superestruturas, conveses, laterais, anteparas e pavimentos.

Setor ferroviário

O FSW é utilizado na indústria ferroviária para produzir comboios de alta velocidade, material circulante, carruagens subterrâneas, eléctricos, vagões de mercadorias e camiões-cisterna, carroçarias de contentores, painéis de teto e de chão e carruagens subterrâneas.

Indústria automóvel

Uma vez que a técnica FSW pode gerar uma variedade de soldaduras, incluindo soldaduras longas, rectas e curvas, é atualmente utilizada no fabrico de componentes mecânicos para automóveis. Vigas de reboque, cabinas, portas, spoilers, paredes frontais, carroçarias fechadas ou cortinas, paredes laterais rebaixadas, quadros, pisos, para-choques, chassis, contentores de combustível e de ar, peças de motor, sistemas de suspensão pneumática, veios de transmissão, berços de motor e de chassis e outros componentes podem ser criados com FSW.

Setor da construção

Os permutadores de calor em alumínio, os painéis de fachada, os caixilhos de janelas, as condutas e as pontes podem ser construídos com FSW.

Outros sectores

Nos últimos anos, o FSW alargou-se a outras áreas de aplicação, incluindo o sector nuclear, o sector do petróleo e do gás e o sector elétrico (por exemplo, caixas de motor, condutas terrestres e marítimas) [1-12].

Capítulo 2

REVISÃO DA LITERATURA

W M Thomas, I M Norris, D G Staines, e E R Watts-2005[1]

A soldadura por fricção (FSW) é atualmente muito utilizada nas indústrias do alumínio para aplicações de união e processamento de materiais. A tecnologia (FSW) ganhou um interesse e importância crescentes desde a sua invenção no TWI há quase 14 anos. O princípio básico e o desenvolvimento contínuo da tecnologia FSW são descritos e as aplicações recentes são revistas. O documento apresentará algumas das variantes da FSW, tais como Twin-stir™ Skew-stir™, Re-stir™, Dual-rotation stir e a técnica de processamento de forma quase líquida Pro-stir™. Será também dada especial atenção às caraterísticas da sonda/ombro da ferramenta, em relação à geometria da junta a ser soldada.

K .R. Suresh, H. B. Niranjan, P. Martin Jebaraj e M. P. Chowdiah-2003[2]

A poupança de energia e a preservação do ambiente são questões importantes que temos de resolver. Uma vez que a redução do peso dos veículos é uma das medidas eficazes, a utilização da combinação de aço e liga de alumínio tem vindo a aumentar no fabrico de veículos. Nesta situação, foram efectuados muitos ensaios de soldadura de aço em liga de alumínio. No entanto, até à data, não foram produzidas juntas sólidas, porque se formaram compostos intermetálicos duros e quebradiços na soldadura sempre que o aço foi soldado ao alumínio por soldadura por fusão. No processo de soldadura a gás, os metais são aquecidos e, devido ao aquecimento do metal, a resistência do metal diminui e também a microestrutura do metal muda. Mas na soldadura por fricção o metal aquece menos do que no processo de soldadura a gás. Devido ao menor calor absorvido pelo metal, a resistência e a microestrutura alteram-se comparativamente menos do que no processo de soldadura a gás. Assim, comparativamente, a soldadura por fricção fornece uma microestrutura e uma resistência à tração mais precisas do que o processo de soldadura a gás. No presente trabalho, tentámos comparar a microestrutura, a microdureza e a resistência à tração de duas juntas soldadas por fricção com as juntas soldadas a gás.

L. Ceschini,G.MinakeA.Morri-2006[3]

A fadiga é uma questão importante no que respeita à utilização de compósitos de alumínio em aplicações estruturais. A fadiga leva ao enfraquecimento do material, principalmente devido às bandas de deformação formadas no material quando este é sujeito a cargas repetidas; o dano que ocorre devido à fadiga é progressivo e localizado. A fadiga pode ocorrer a um limite de tensão muito inferior ao limite de tensão final do espécime compósito. No presente trabalho, avalia-se o comportamento à fadiga de compósitos híbridos de matriz metálica Al 5083 reforçados com carboneto de silício e dispersão de cinzas volantes de alto desempenho. O principal objetivo da caraterização da fadiga é avaliar distintamente o ciclo de vida dos componentes fabricados a partir de compósitos de matriz metálica e, eventualmente, desenvolver um modelo-quadro para o estudo significativo da resistência à fadiga da estrutura com estrias persistentes ao longo dos intersticiais das interfaces alumínio-carboneto de silício-cinzas volantes. A fadiga é um processo estocástico e não determinístico que dá origem a uma dispersão considerável, mesmo entre amostras de composição semelhante com os ensaios efectuados em alguns dos ambientes criticamente controlados. Por conseguinte, é necessária uma validação estatística dos resultados para autenticar os dados recolhidos. Assim, no presente trabalho, é efectuada uma análise de variância para estabelecer a autenticidade dos resultados e validá-los. Os resultados e gráficos são apresentados com a devida fundamentação e inferências.

Miroslav M. Mijajlovi, Nenad T. Pavlovi-2012[4]

A produção de calor é um processo complexo de transformação de um tipo específico de energia em calor. Durante a soldadura por fricção, uma parte da energia mecânica fornecida à ferramenta de soldadura é consumida no processo de soldadura, outra é utilizada para processos de deformação, etc., e o resto da energia é transformada em calor. O procedimento analítico para a estimativa do calor gerado durante a soldadura por fricção é muito complexo porque inclui um número significativo de variáveis e parâmetros, e muitos deles não podem ser totalmente explicados matematicamente. Por esse motivo, o modelo analítico para a estimativa do calor gerado durante a soldadura por fricção define variáveis e parâmetros que afectam predominantemente a geração de calor. Estes parâmetros são numerosos e alguns deles, por exemplo, cargas, coeficiente de atrito, binário e temperatura, são estimados experimentalmente.

Indira Rani M., Marpu R. N. e A. C. S. Kumar-2011[5]

A soldadura por fricção (FSW) é uma técnica recente que utiliza uma ferramenta de soldadura rotativa não consumível para gerar calor por fricção e deformação plástica no local de soldadura enquanto o material está no estado sólido. As principais vantagens são a baixa distorção, a ausência de defeitos relacionados com a fusão e a elevada resistência da junta. A conceção e o material da ferramenta desempenham um papel vital, para além dos parâmetros importantes como a velocidade de rotação da ferramenta, a velocidade de soldadura e a força axial. O artigo centra-se na otimização dos parâmetros FSW em diferentes condições do material de base e as microestruturas da condição de soldadura são comparadas com as microestruturas pós-soldadura tratadas termicamente, soldadas em condições recozidas e T6.

R.S.Mishraa,Z.Y. Mab-2005[6]

Durante a última década, foram feitas tentativas para fabricar compósitos de matriz de alumínio (AMCs) reforçados com várias partículas cerâmicas. O alumínio reforçado com partículas de ZrB2 é um desses AMC. O sucesso da aplicação de novos tipos de AMCs reside no desenvolvimento de processos secundários, como a maquinagem e a união. A soldadura por fricção (FSW) é uma soldadura em estado sólido relativamente nova que ultrapassa todas as desvantagens da soldadura por fusão de AMCs. Foi feita uma tentativa de soldar por fricção os compósitos AA6061/ 0-10 wt. % ZrB2 in-situ e de desenvolver relações empíricas para prever o comportamento do desgaste por deslizamento das juntas de topo. Para minimizar o número de experiências, foi utilizado um desenho rotativo composto central de quatro factores e cinco níveis. Os factores considerados são a velocidade de rotação da ferramenta, a velocidade de soldadura, a força axial e a percentagem de peso de ZrB2. O efeito destes factores na taxa de desgaste (W) e na resistência ao desgaste (R) das juntas soldadas é analisado e as tendências previstas são discutidas.

AhmedKhalidHussain,SyedAzamPashaQuadri-2010[7]

A soldadura por fricção (FSW) é um processo de soldadura em estado sólido em que o movimento relativo entre a ferramenta e a peça de trabalho produz calor que faz com que o material das duas arestas seja unido por difusão atómica plástica. Este método baseia-se na conversão direta de energia mecânica em energia térmica para formar a soldadura sem a aplicação de calor de uma fonte convencional. A velocidade de rotação das ferramentas, a pressão axial e a velocidade de soldadura e o (tempo de soldadura) são as principais variáveis que são controladas de modo a fornecer a combinação necessária de calor e pressão para formar a soldadura.

Os resultados mostram uma forte relação e uma comparação robusta entre a resistência da soldadura e os parâmetros do processo. Assim, a base de dados variável do processo FSW deve ser desenvolvida para uma grande variedade de metais e ligas para a seleção de parâmetros de processo óptimos para uma soldadura eficiente.

R .Rai1,A.De,H.K.D.H.BhadeshiaeT.DebRoy-2011[8]

A soldadura por fricção (FSW) é um processo de união em estado sólido amplamente utilizado para materiais macios, como as ligas de alumínio, porque evita muitos dos problemas comuns da soldadura por fusão. A viabilidade comercial do processo FSW para ligas mais duras, como os aços e as ligas de titânio, aguarda o desenvolvimento de ferramentas económicas e duradouras que conduzam a soldaduras estruturalmente sólidas de forma consistente. A seleção do material e o design afectam profundamente o desempenho das ferramentas, a qualidade da soldadura e o custo. Neste documento, analisamos e examinamos criticamente vários aspectos importantes das ferramentas FSW, tais como a seleção do material da ferramenta, a geometria e a capacidade de suportar cargas, os mecanismos de degradação da ferramenta e a economia do processo.

Moataz M. Attallaha, Hanadi G. Salemb-2005[9]

Investigações recentes mostraram que a estrutura de grão fino das soldaduras por fricção (FSW) sofre um crescimento anormal do grão (AGG) no estado pós-soldadura tratado termicamente em solução. Este facto deteriora significativamente a resistência das soldaduras FSW de ligas de Al de alta resistência tratáveis termicamente. Na presente investigação, foram preparadas várias soldaduras de chapas AA2095 através da manipulação dos parâmetros FSW e, subsequentemente, tratadas termicamente para investigar a influência dos parâmetros do processo (velocidade de avanço e velocidade de rotação da ferramenta) na extensão do AGG. A caraterização da microestrutura e das propriedades de tração revelou que a velocidade de rotação da ferramenta e a taxa de alimentação afectam consideravelmente a extensão da AGG. Quanto maior for a velocidade de rotação, menor será a AGG a taxas de avanço baixas a intermédias.

S .Mandal,J.Rice,A.A.Elmustafa-2008[10]

Uma melhor compreensão da fase de imersão é fundamental com o papel crescente da soldadura por pontos por fricção e também para compreender o desgaste da ferramenta no caso da soldadura por fricção (FSW) de ligas de elevada resistência. Este artigo investiga a fase de imersão utilizando modelação experimental e numérica. Foram efectuadas experiências de imersão na liga de alumínio 2024 com medição simultânea da temperatura e das cargas axiais. Os espécimes foram examinados por espetroscopia de energia dispersiva (EDS) para detetar partículas de desgaste da ferramenta. Foi desenvolvido um modelo 3D baseado em elementos finitos (FEM) da fase de imersão utilizando o código comercial ABAQUS para estudar os processos termomecânicos envolvidos durante a fase de imersão. A lei material de Johnson-Cook, dependente da taxa de deformação e da temperatura, é adoptada no MEF. Os dados da simulação numérica estão bem correlacionados com os dados experimentais obtidos nesta investigação, bem como com os dados experimentais da literatura.

K. Kumar, Satish V. Kailas-2008[11]

Nesta investigação, foi feita uma tentativa para compreender o mecanismo de formação da soldadura por fricção e o papel da ferramenta de soldadura por fricção. Isto foi feito através da compreensão do padrão de fluxo de material na soldadura produzida numa experiência especial, onde a interação da ferramenta de soldadura por fricção com o material de base é continuamente aumentada. Os resultados mostram que existem dois modos diferentes de regimes de fluxo de material envolvidos na formação da soldadura por fricção, nomeadamente o "fluxo impulsionado por pinos" e o "fluxo impulsionado por ombros". Estes regimes de fluxo de material fundem-se para formar uma soldadura sem defeitos. O contraste de corrosão nestes regimes dá origem ao padrão de anel em cebola nas soldaduras por fricção. Para além disso, com base nas caraterísticas do fluxo de material, é proposto um mecanismo de formação da soldadura.

Capítulo 3

METODOLOGIA

3.1 METODOLOGIA DO PROCESSO FSW

Neste processo, uma ferramenta de ombro cilíndrico com uma cavilha roscada/não roscada perfilada é rodada a uma velocidade constante e introduzida a uma velocidade de deslocação constante na linha de junção entre duas peças de material em chapa, que são unidas. As peças a serem fixadas rigidamente numa barra de suporte, de forma a evitar que as faces de junção adjacentes sejam forçadas a separar-se. O comprimento da cavilha é ligeiramente inferior à profundidade de soldadura necessária e o ombro da ferramenta deve estar em contacto íntimo com a superfície da peça de trabalho. O pino é então movido contra a peça de trabalho ou vice-versa. É gerado calor por fricção entre o ombro e o pino da ferramenta de soldadura resistente ao desgaste e o material das peças de trabalho. Este calor, juntamente com o calor gerado pelo processo de mistura mecânica e o calor adiabático contido no material, faz com que os materiais agitados amoleçam sem atingir o ponto de fusão. À medida que a cavilha é movida na direção da soldadura, a face dianteira da cavilha, assistida por um perfil de cavilha especial, força o material plastificado para a parte de trás da cavilha, ao mesmo tempo que aplica uma força de forjamento substancial para consolidar o metal de solda. A soldadura do material é facilitada pela deformação plástica severa no estado sólido, envolvendo a recristalização dinâmica do material de base. As juntas soldadas serão cortadas com uma serra eléctrica e depois maquinadas de acordo com as dimensões necessárias. As diretrizes da American Society for Testing of Materials (ASTM E8M-04) devem ser seguidas para a preparação dos espécimes de ensaio.

3.2 PARÂMETROS DO PROCESSO

A soldadura por fricção envolve movimentos intrincados do material e deformação plástica. A geometria da ferramenta e os parâmetros de soldadura exercem um efeito significativo na evolução microestrutural do material.

GEOMETRIA DE FERRAMENTAS

A geometria da ferramenta desempenha um papel importante no fluxo de material e, por sua vez, decide a velocidade de deslocação a que a FSW pode ser efectuada.

3.3 UMA FERRAMENTA FSW TEM DUAS FUNÇÕES BÁSICAS:

Aquecimento localizado e fluxo de material. Na fase inicial do mergulho da ferramenta, o aquecimento resulta principalmente do atrito entre o pino e a peça de trabalho. A ferramenta é mergulhada até que o ombro toque na peça de trabalho. O atrito entre o ombro e a peça de trabalho resulta no maior componente de aquecimento. A partir da caraterística de aquecimento, o tamanho relativo do pino e do ombro é crítico. A segunda função da ferramenta é agitar e mover o material.

3.3.1 A. DEVE DESEMPENHAR AS SEGUINTES FUNÇÕES:

(i) Reduzir a força de soldadura,

(ii) Permite um fluxo mais fácil do material plastificado,

(iii) Facilitar o efeito de aumento descendente, e

(iv) Aumentar a interface entre o pino e o material plastificado, aumentando assim a geração de calor. A partir da literatura disponível, sabe-se que um pino roscado cilíndrico, um cone truncado e um ombro côncavo são caraterísticas de ferramentas de soldadura amplamente utilizadas.

3.3.2 B. PARÂMETROS DE SOLDADURA

No FSW, dois parâmetros são importantes:

Taxa de rotação da ferramenta e velocidade de deslocação da ferramenta ao longo da linha da junta. A rotação da ferramenta resulta na agitação e mistura do material em torno do pino rotativo e o movimento transversal da ferramenta move o material agitado da frente para trás do pino e termina o processo de soldadura. Taxas de rotação mais elevadas da ferramenta geram temperaturas mais elevadas devido a um maior aquecimento por fricção e resultam numa agitação e mistura mais acentuadas do material. Para além da taxa de rotação da ferramenta e da velocidade de deslocação, a inclinação da ferramenta é também um parâmetro importante do processo. Uma inclinação adequada da ferramenta do fuso para a direção de arrastamento assegura que o ombro da ferramenta segura o material agitado e move o material eficazmente da frente para trás do pino.

3.4 Juntas soldadas

A **junta de soldadura** é o local onde duas ou mais peças metálicas são unidas por soldadura. Os cinco tipos básicos de juntas de soldadura são o topo, o canto, o tê, o colo e o bordo, como mostram as figuras abaixo.

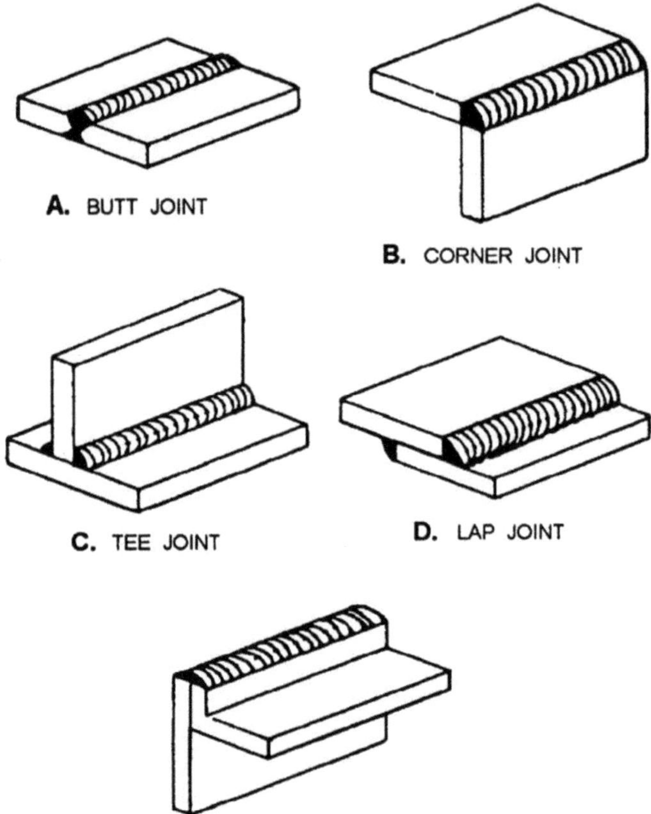

Figura. 3.1 Tipos de juntas de soldadura

Uma junta **de topo** é utilizada para unir dois elementos alinhados no mesmo plano (vista A). Esta junta é frequentemente utilizada em chapas, folhas de metal e tubagens. Uma junta deste tipo pode ser quadrada ou ranhurada.

As juntas **de canto** e **em T** são utilizadas para unir dois elementos localizados em ângulos rectos entre si (vistas B e C). Em secção transversal, a junta de canto tem a forma de um L e a junta em T tem a forma da letra ***T***. Vários modelos de juntas de ambos os tipos são utilizados em muitos tipos de estruturas metálicas.

Uma junta **sobreposta**, tal como o nome indica, é feita através da sobreposição de uma peça de metal sobre outra (vista D). Este é um dos tipos mais fortes de juntas disponíveis; no entanto, para obter a máxima eficiência da junta, deve sobrepor os metais com um mínimo de três vezes a espessura do membro mais fino que está a unir. As juntas sobrepostas são normalmente utilizadas em aplicações de brasagem com maçarico e de soldadura por pontos

Uma junta **de borda** é utilizada para unir as bordas de dois ou mais elementos situados no mesmo plano. Na maioria dos casos, um dos membros é flangeado, como mostra a figura, vista E. Embora este tipo de junta tenha algumas aplicações em trabalhos com chapas, é mais frequentemente utilizado em trabalhos com chapas metálicas Uma junta de borda só deve ser utilizada para unir metais com 1/4 de polegada ou menos de espessura que não estejam sujeitos a cargas pesadas.

3.5 CARACTERÍSTICAS DAS JUNTAS SOLDADAS

3.5.1 Junta de topo

Para placas de espessura inferior a 4,8 mm, são recomendadas juntas de topo quadradas. Quando comparadas com as juntas em V, U, J ou em bisel, para cargas pequenas, são preferíveis as juntas de topo quadradas. A junta de topo em V é mais utilizada em várias aplicações do que as juntas de topo em J e U. As juntas de topo biseladas são utilizadas para placas com espessuras de 10-35 mm e sujeitas a cargas médias.

3.5.2 Junta de canto

Para chapas de menor espessura não sujeitas a cargas severas, recomenda-se a utilização de juntas de canto fechadas e semi-abertas. Pode ser utilizada para todas as espessuras sob condições de carga severas.

3.5.3 Junta em T

A junta em T simples é preferível para placas de menor espessura quando sujeitas a condições baixas ou quase nulas.

3.5.4 Junta sobreposta

A junta de sobreposição de filete simples e a junta de sobreposição dupla são utilizadas para várias espessuras. No entanto, quando a junta está sujeita a uma carga pesada, recomenda-se a utilização de uma junta de dupla sobreposição. Para placas sujeitas a cargas de flexão, fadiga ou impacto, não são recomendadas juntas de sobreposição de filete simples.

3.5.5 Junta de borda

Duas peças de metal são dobradas, com os bordos alinhados, e as peças são unidas por soldadura dos dois bordos. As juntas de rebordo são utilizadas com chapas finas sujeitas a cargas ligeiras.

3.6 Defeitos de soldadura e suas causas

A maioria dos defeitos encontrados na soldadura deve-se a um procedimento de soldadura incorreto. Uma vez determinadas as causas, estas podem ser facilmente corrigidas. Alguns dos defeitos de soldadura mais comuns incluem

i. Penetração incompleta
ii. Falta de fusão
iii. Porosidade
iv. Inclusões
v. Rachaduras
vi. Sob corte
vii. Laceração lamelar

Qualquer um destes defeitos é potencialmente desastroso, uma vez que todos eles podem dar origem a elevadas intensidades de tensão que podem resultar numa falha súbita e inesperada abaixo da carga de projeto ou, no caso de cargas cíclicas, é possível prever a falha após ciclos de carga.

3.6.1 Penetração incompleta

Este tipo de defeito é formado por uma das três formas seguintes

(1) Quando o cordão de soldadura não penetra em toda a espessura do metal de base.

(2) Quando dois cordões de soldadura opostos não se interpenetram.

(3) Quando o cordão de soldadura não penetra na extremidade de uma soldadura de filete, mas apenas a atravessa.

A corrente de soldadura tem o maior efeito na penetração. A penetração incompleta é normalmente causada pela utilização de uma velocidade de deslocação demasiado lenta e de um ângulo incorreto da tocha. Ambos permitirão que o metal de solda fundido role na frente do arco, actuando como uma almofada para impedir a penetração. O arco deve ser mantido na borda dianteira do banho de solda.

3.6.2. Falta de fusão

A falta de fusão, também designada por lapidação a frio ou fecho a frio, ocorre quando não há fusão entre o metal de solda e as superfícies da placa de base. O processo de fusão é uma técnica de soldadura deficiente. Ou o metal de solda é demasiado grande ou foi permitido que o metal de solda rolasse na frente do arco. Mais uma vez, o arco deve ser mantido na borda dianteira da poça. Quando isto é feito, a poça de soldadura não se torna demasiado grande e não pode amortecer o arco. Outra causa é a utilização de uma junta de soldadura muito larga. Se o arco for direcionado para o centro da junta, o metal de solda derretido apenas fluirá e será lançado contra as paredes laterais da placa de base sem as derreter. O calor do arco deve ser utilizado para fundir a placa de base. A falta de fusão também ocorre sob a forma de uma coroa de cama enrolada. Mais uma vez, é geralmente causada por uma velocidade transversal muito baixa e pela tentativa de fazer uma soldadura demasiado grande numa única passagem.

3.6.3Porosidade

Porosidade são poros de gás encontrados no cordão de solda solidificado. Estes poros podem variar em tamanho e são geralmente distribuídos de forma aleatória. No entanto, é possível que a porosidade seja encontrada no centro da soldadura. As causas mais comuns de porosidade são a contaminação atmosférica, a superfície da peça de trabalho excessivamente oxidada, ligas desoxidantes inadequadas no arame e a presença de matérias estranhas. A contaminação atmosférica pode ser causada por

a. Fluxo de gás de proteção inadequado.

b. Fluxo excessivo de gás de proteção.

Isto pode causar a aspiração de ar para o fluxo de gás. Bocal de gás muito entupido ou sistema de fornecimento de gás danificado. Isto pode fazer com que a proteção do gás se desloque.

3.6.4Inclusões

Estas podem ocorrer quando são efectuadas várias passagens ao longo de uma junta em V ao unir chapas grossas utilizando varões fluxados ou revestidos de fluxo e a escória que cobre uma passagem não é totalmente removida após cada passagem antes da passagem seguinte.

3.6.5Fractura

Isto pode ocorrer devido à contração térmica ou devido à combinação da deformação que acompanha a mudança de fase e a contração térmica. No caso de estruturas rígidas soldadas, uma combinação de má conceção e procedimento inadequado pode resultar em tensões residuais elevadas e fissuração. Para evitar estes problemas, pode ser necessário um processo de pré-aquecimento por fases e, após a soldadura, será necessário um pós-resfriamento lento e controlado por fases. Este processo pode aumentar consideravelmente o custo das juntas soldadas, mas para aços de elevada resistência, como os utilizados em instalações e tubagens petroquímicas, pode não haver alternativa.

3.6.6Fissuração por solidificação

Esta situação é também designada por fissuração central ou fissuração a quente. Estes defeitos, que são frequentemente causados pelo enxofre e pelo fósforo, são mais susceptíveis de ocorrer nos aços com elevado teor de carbono. As fissuras de solidificação distinguem-se normalmente dos outros tipos de fissuras pelas seguintes caraterísticas

Ocorrem apenas no metal de solda - embora o metal de base seja quase sempre a fonte dos contaminantes de baixo ponto de fusão associados à fissuração.

O aspeto normal em linhas rectas ao longo da linha central do cordão de soldadura.

As fissuras de solidificação na cratera final podem ter uma sequência de ramificação.

Como as fissuras estão "abertas", são visíveis a olho nu.

3.6.7 sob corte

O subcorte é um defeito que aparece como uma ranhura no metal de base diretamente ao longo dos bordos da soldadura. Este tipo de defeito é mais frequentemente causado por parâmetros de soldadura inadequados, velocidade de deslocação e tensão. Quando a velocidade de deslocação é demasiado elevada, o cordão de soldadura fica muito pontiagudo devido à sua solidificação extremamente rápida. A ranhura não cortada é o local onde o material de base derretido foi puxado para a soldadura e não lhe foi permitido molhar adequadamente devido à rápida solidificação. A diminuição da velocidade de deslocação do arco reduzirá gradualmente o tamanho do rebaixo e, eventualmente, eliminá-lo-á.

3.6.8Laceração lamelar

Este é um problema que afecta principalmente os aços de baixa qualidade. Ocorre em chapas com baixa ductilidade na direção da espessura, causada por inclusões não metálicas, tais como sulfuretos e óxidos que foram alongados durante o processo de laminagem. Estes problemas podem ser ultrapassados através da utilização de aço de melhor qualidade. "Enchendo" a área de soldadura com um material dúctil e, possivelmente, redesenhando a junta.

Capítulo 4

EVOLUÇÃO MICROESTRUTURAL

Devido à deformação plástica severa e à temperatura elevada na zona agitada durante a FSW, ocorre a recristalização e a evolução da microestrutura na zona agitada, bem como a dissolução de precipitados e o engrossamento dentro e à volta da zona agitada. Com base na caraterização microestrutural de grãos e precipitados, foram identificadas três zonas diferentes, a zona Nugget (agitada), a zona termomecanicamente afetada (TMAZ) e a zona afetada pelo calor (HAZ). As variações microestruturais nas diferentes zonas têm um efeito considerável nas propriedades mecânicas pós-soldadura.

LIGAS DE ALUMÍNIO

As ligas de alumínio são designadas com base em normas internacionais. Estas ligas são distinguidas por um número de quatro dígitos, seguido de um código de designação de têmpera. O primeiro algarismo corresponde ao principal constituinte da liga. O segundo algarismo corresponde às variações da liga inicial. O terceiro e o quarto algarismos correspondem a variações individuais da liga. Finalmente, o código de designação da têmpera corresponde a diferentes técnicas de reforço. A composição química é indicada. As propriedades mecânicas e físicas são indicadas, respetivamente.

Zona Nugget

A deformação plástica intensa e o aquecimento por fricção durante a soldadura por fricção resultam na geração de uma microestrutura recristalizada de grão fino na zona agitada. Esta região é comummente designada por "nugget" de soldadura.

Forma da Zona Nugget

Dependendo dos parâmetros do processo, da geometria da ferramenta, da temperatura da peça a trabalhar e da condutividade térmica do material, foram observadas várias formas de zona de pepitas. Basicamente, a zona de nugget pode ser classificada em dois tipos: nugget em forma de bacia que se alarga perto da superfície superior e nugget elíptico. A formação de uma zona de pepitas em forma de bacia foi registada em muitas investigações. Lombard et al. investigaram o efeito da variação dos parâmetros de soldadura nas propriedades das ligas de alumínio AA5083-H321 soldadas por fricção e encontraram anéis concêntricos (estrutura em casca de cebola) no nugget de soldadura e a largura do nugget era da ordem do diâmetro do pino. Cavaliere et al. relataram a formação de uma estrutura elíptica em forma de cebola no centro da soldadura.

Tamanho do grão

A recristalização dinâmica durante a FSW resulta na formação de grãos finos e equiaxiais na zona do nugget. Os parâmetros FSW, a geometria da ferramenta, a composição da peça, a temperatura da peça e a pressão vertical exercem uma influência importante no tamanho dos grãos recristalizados. A Tabela I apresenta um breve resumo dos valores de tamanho de grão para diferentes ligas de alumínio.

Capítulo 5

PROCESSO DE SOLDADURA POR FRICÇÃO

MECANISMOS DE FLUXO E CONCEPÇÃO DE FERRAMENTAS

O fluxo de metal e a geração de calor no material amolecido em torno da ferramenta são fundamentais para o processo de fricção. A deformação do material gera e redistribui o calor, produzindo o campo de temperatura na soldadura. Mas uma vez que a tensão do fluxo de material é sensível à temperatura e à taxa de deformação, a distribuição do calor é ela própria regida pelos campos de deformação e temperatura. De facto, o seu controlo está no centro de quase todos os aspectos do FSW, por exemplo, a otimização das velocidades do processo e da carga da máquina, a prevenção de defeitos macroscópicos, a evolução da microestrutura e as propriedades da soldadura resultantes.

Como já foi referido, quase todo o material da soldadura é extrudido entre a cavilha rotativa do lado do recuo e o material circundante, que é demasiado frio e está sujeito a tensões demasiado leves para se deformar.) Na sua forma mais simples, este mecanismo de fluxo essencial pode ser ilustrado por simulações bidimensionais que representam linhas de fluxo em torno de uma ferramenta rotativa colocada num fluxo constante de material.

Outros estudos de modelização investigaram a forma como este fluxo bidimensional é perturbado por: a adição de caraterísticas da ferramenta, tais como planos e caneluras, altera as condições de contacto entre a ferramenta e a peça de trabalho, desde o atrito de aderência até ao deslizamento com uma tensão de cisalhamento interfacial mais baixa.

As linhas de fluxo previstas em torno de uma ferramenta canelada são mostradas em b e c. A colagem completa gera uma zona de metal morto em torno da ferramenta, enquanto o fluxo interage estreitamente com as caraterísticas da ferramenta quando ocorre o deslizamento. Outra caraterística do processo - uma linha inicialmente perpendicular à direção de soldadura é arrastada para uma "protuberância" para trás na esteira da ferramenta. As experiências com marcadores confirmaram este comportamento. Uma forma de quantificar o efeito de mistura da ferramenta é a relação entre o volume varrido e o volume do pino. Para placas de 25 mm de espessura, este rácio foi de 1-1 : 1 para um pino cilíndrico, 1-8 : 1 para o Whorl e 2-6 : 1 para o pino MX-Triflute, cada um com diâmetros e comprimentos de raiz semelhantes, com o Triflute a proporcionar uma zona de soldadura de lados mais paralelos. Outros aperfeiçoamentos incluem a ferramenta Trivex que foi concebida para reduzir as forças de descida e transversais necessárias e a ferramenta Triflat para materiais de secção mais espessa.

Capítulo 6

PROCEDIMENTO EXPERIMENTAL

O estudo experimental inclui a união topo a topo de chapas de alumínio puro de 3 mm. O processo de soldadura é efectuado numa fresadora vertical (Make HMT FM-2, 10hp, 3000rpm). A ferramenta é mantida numa árvore de ferramentas. Foram concebidos dispositivos especiais de soldadura para segurar duas placas de 200 mm X 60 mm X 3 mm de espessura. A Tabela 6.1 mostra as combinações da velocidade de rotação da ferramenta (RPM), da velocidade de soldadura (mm/min) e da geometria da ferramenta e do diâmetro do ombro da ferramenta em relação ao diâmetro do pino da ferramenta (Ds/Dp). Estas combinações são escolhidas com base na pesquisa bibliográfica e na capacidade da máquina de fresagem utilizada para o estudo experimental. Os diagramas esquemáticos das ferramentas utilizadas neste processo são apresentados na Fig. 6.1.

Figura 6.1 Fotografia de uma fresadora vertical

Figura 6.2 Fotografia do mandril de uma máquina de fresar vertical

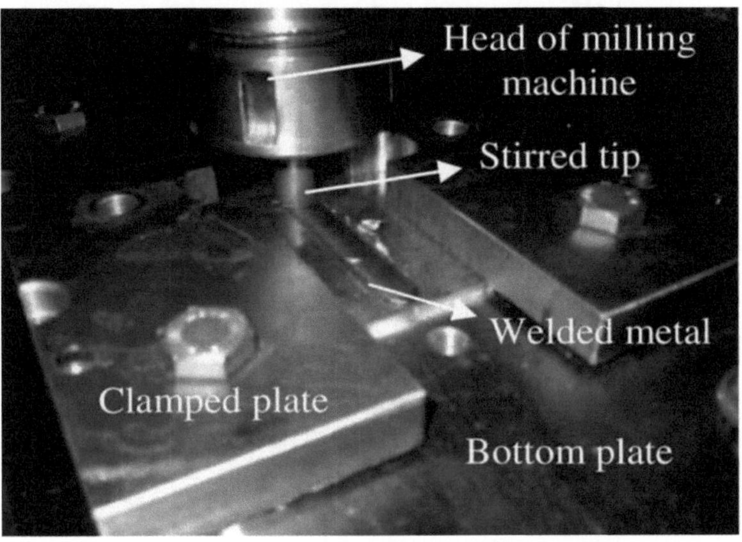

Figura 6.3 Fotografia do dispositivo de fixação da fresadora vertical

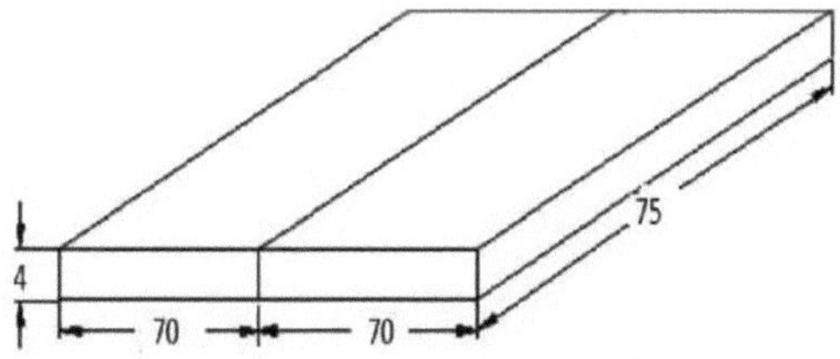

Figura 6.4 Esboço esquemático de juntas de soldadura

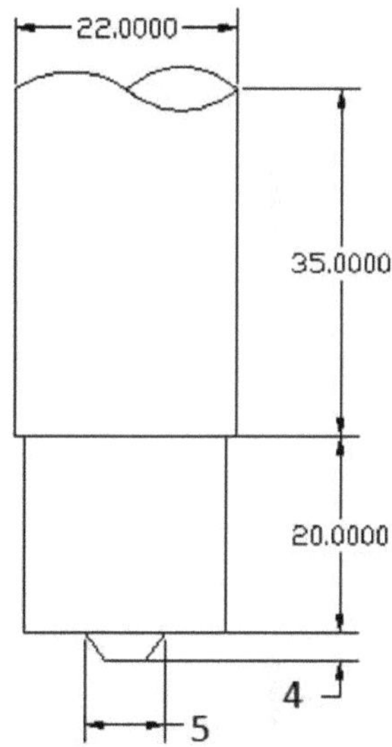

Figura 6.5 Diagrama esquemático da ferramenta

Parâmetros do processo FSW e dimensões da ferramenta

Quadro 6.1 Pormenores das condições de trabalho da ferramenta

Parâmetros do processo	**Valores**
Velocidade de rotação da ferramenta (rpm)	450,900,1120,1400
Velocidade de soldadura (mm/min)	40
Força axial (kN)	Constante
Comprimento do pino (mm)	2.8
Diâmetro do ombro da ferramenta, L (mm)	5X5
Diâmetro do pino, d (mm)	8

Relação D/d da ferramenta	3,2.5,2
Geometria do pino da ferramenta	QUADRADO

6.6 Vista vertical da ferramenta manual

Material da ferramenta	Aço para ferramentas H13

A ferramenta não consumível feita de aço para ferramentas H13 (a composição química típica é mostrada na Tabela) é usada para fabricar juntas, e os diâmetros do ombro 24,20 e 16 e o pino usado foram 8 mm e o comprimento do pino 2,8 mm (depende da espessura da placa). As ferramentas utilizadas para o presente estudo são perfis de pinos cilíndricos cónicos com ombro, como se mostra. É aplicada uma força axial constante em todas as experiências de soldadura por fricção (FSW).

FERRAMENTA FEITA COM HSS13 PARA ALUMÍNIO

DIÂMETRO DA FERRAMENTA= 22 mm

PROFUNDIDADE DE ALIMENTAÇÃO = COMO MENCIONADO NO QUADRO

COMPRIMENTO DA FORMA QUADRADA REALIZADA= 5X5 mm

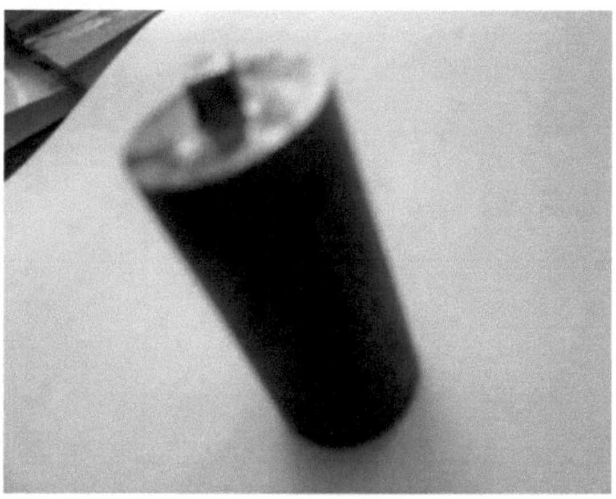

Figura 6.7 Vista vertical da ferramenta manual

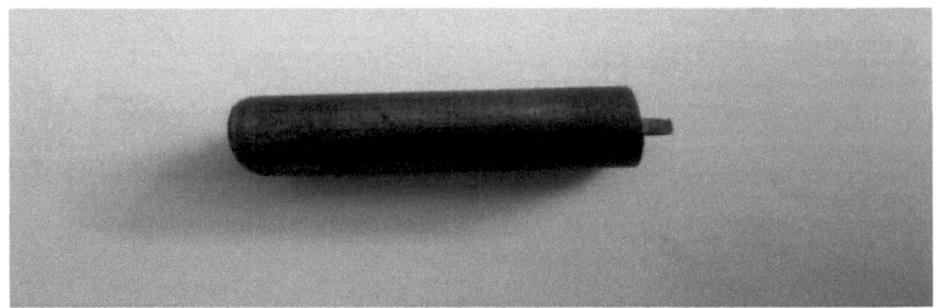

Figura 6.8 Vista horizontal da ferramenta manual

No presente trabalho, foram obtidas diferentes soldaduras topo a topo FSW variando os parâmetros do processo dentro da gama e os valores óptimos são desenhados com base na tendência dos valores. As juntas soldadas são testadas quanto à resistência à tração e os espécimes são cortados transversalmente a partir das juntas perpendiculares à direção de soldadura e estão de acordo com as diretrizes daASTM . Os parâmetros velocidade de rotação da ferramenta, comprimento do pino e velocidades de soldadura são variados, mantendo a força axial constante.

Tabela 6.2 Composição química dos aços para ferramentas H13

Elemento	**Mínimo (% em peso)**	**Máximo (% em peso)**
Carbono	0.37	0.42
Manganês	0.20	0.50
Fósforo	0	0.025
Enxofre	0	0.005
Silício	0.80	1.20
Crómio	5.00	5.50
Vanádio	0.80	1.20
Molibdénio	1.20	1.75

A direção da soldadura é normal à direção de laminagem. O procedimento de soldadura de passe único é utilizado para fabricar as juntas. Após a soldadura, foi realizado um ensaio NDT (radiografia de raios X) para detetar quaisquer defeitos nas soldaduras. As juntas foram fabricadas utilizando diferentes combinações de velocidade de rotação e velocidade de soldadura e diferentes perfis de ferramentas. As fotografias das juntas fabricadas são apresentadas. As experiências foram realizadas com diferentes combinações de velocidade de rotação da ferramenta, velocidade de soldadura e perfil da ferramenta. As combinações de experiências foram efectuadas.

NÚMERO TOTAL DE MATRÍCULAS EFECTUADAS = 8

NÚMERO DE SOLDADURAS EFECTUADAS POR 8 CHAPAS = 4

RPM CONSIDERADAS PARA O PROCESSO= 450, 710, 900, 1120

Figura 6.9: duas placas colocadas para soldadura

PLACA 1 E 2

ESPESSURA DA CHAPA DE ALUMÍNIO= 4mm

COMPRIMENTO DA PLACA=75

LARGURA DA PLACA=70

COMPRIMENTO TOTAL APÓS A SOLDADURA= 150X70

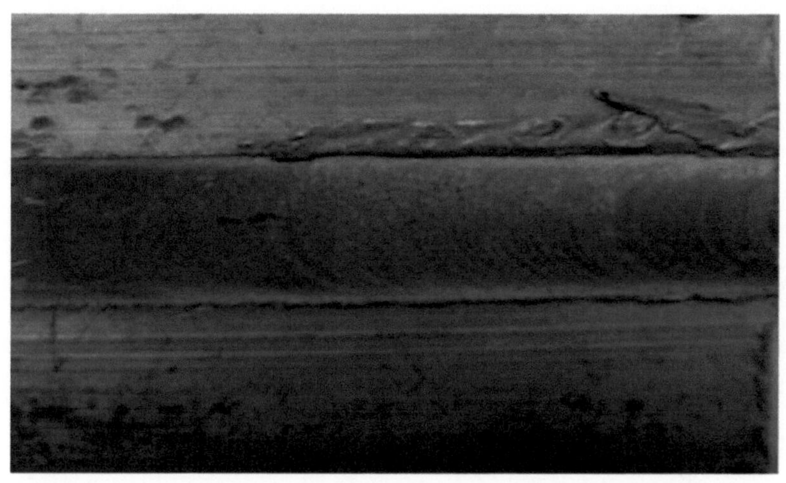

Figura 6.10 Vista frontal de placas soldadas a 450 rpm

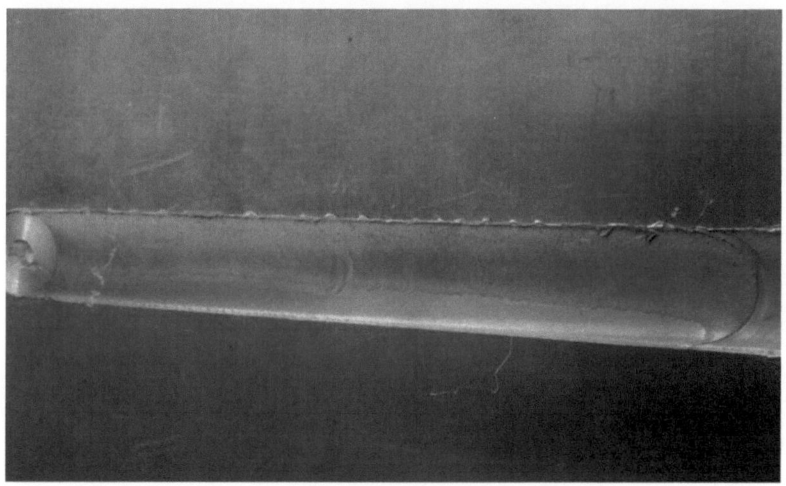

Figura 6.11 Vista frontal de placas soldadas a 700 rpm

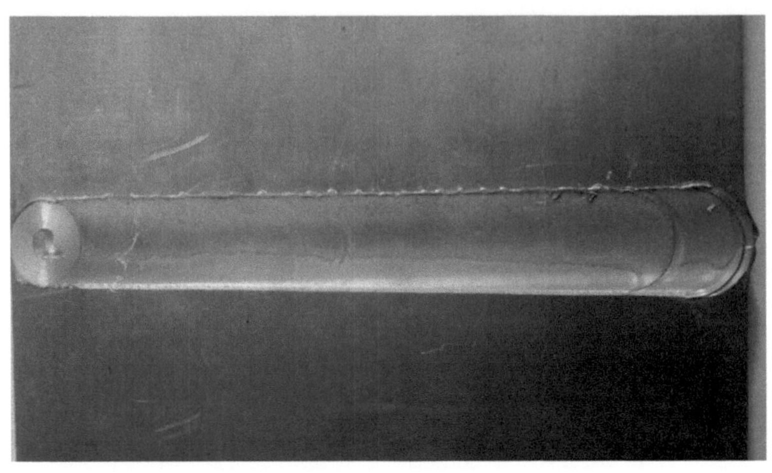

Figura 6.12 Vista frontal de placas soldadas a 900 rpm

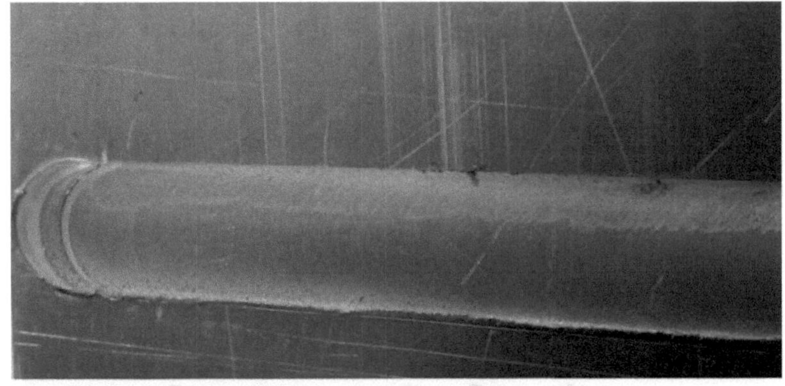

Figura 6. 13 Vista frontal de placas soldadas a 1200 rpm

Figura 6.14 Vista posterior de chapas soldadas

Figura 6.15: Processo de soldadura

Figura 6.16: Placas de soldadura e ferramenta

Figura 6.17: Ferramenta colocada antes do início da operação

Capítulo 7

RESULTADOS E DISCUSSÃO

7.1 ENSAIO DE MICROESTRUTURA

Nome do teste: Microestrutura

Tipo de espécime: progenitor

Metal para ensaio: Alumínio

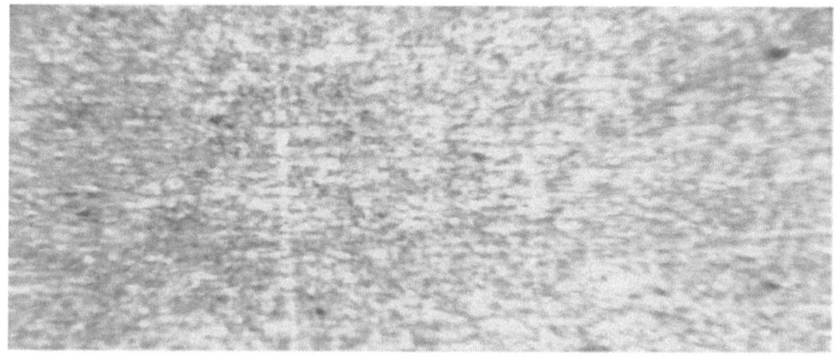

Figura 7.1 Microestrutura do metal de alumínio de base

Nome do teste: Microestrutura

Tipo de provete: Soldado

Metal para ensaio: Alumínio

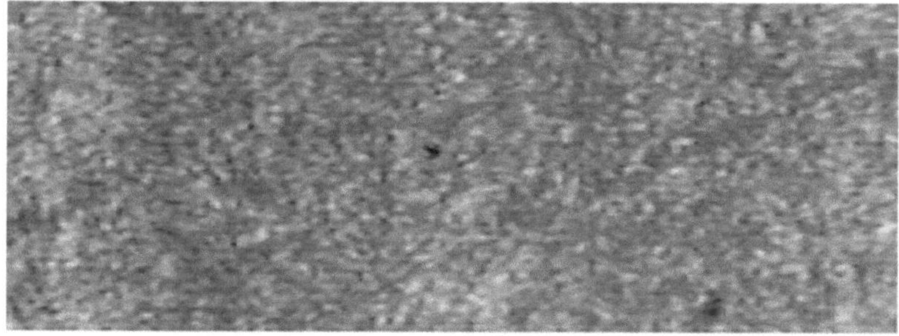

Figura 7.2 Microestrutura do metal de alumínio soldado

7.2 ENSAIO DE IMPACTO

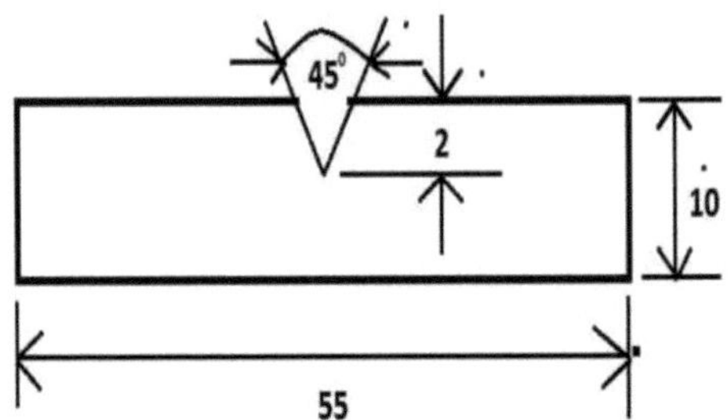

Figura7.3 ESPÉCIME DE IMPACTO

Figura7.4 MÁQUINA DE IMPACTO

GRÁFICOS

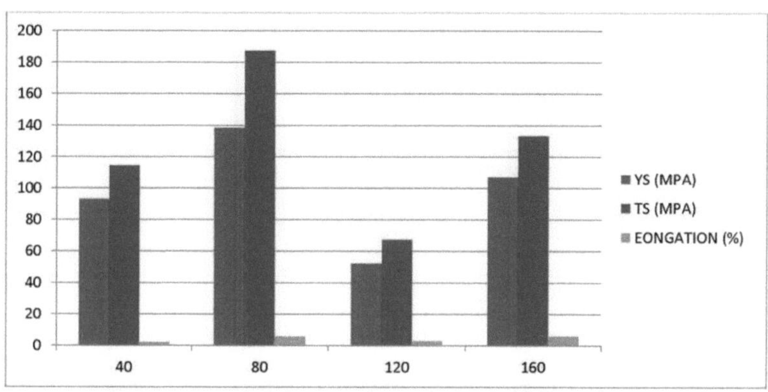

Figura7.5 Representação gráfica da resistência dos materiais

Com base em diferentes rpms e diferentes avanços, a resistência do material varia conforme representado no gráfico acima.

Tabela 8.1 Valores da resistência do material em várias condições.

RPM/MM	YS(MPA)	TS(MPA)	ELONGATION (%)
40	93	114.5	2.12
80	138.23	187.09	5.56
120	52.2	67.3	2.93
160	107.326	133.255	5.82

Também testámos a dureza do material que foi unido sob diferentes condições utilizando esta soldadura por fricção. Aqui estão os detalhes relacionados com a dureza dos materiais soldados.

Tabela 8.2 Dureza dos materiais soldados

FSW (R.P.M/MM)	DUREZA ROCKWELL (HRB)	VALOR DA DUREZA DE BRINEL	RESISTÊNCIA AO IMPACTO (J)
450/40	74.5	26	14
710/80	78.4	74.5	21
900/125	78	31	13
1120/160	75	78.3	12

A Atlast concluiu quais os melhores materiais soldados em que condições com base nos testes acima referidos e aqui está o resultado dos mesmos.

SOLDAGEM NUMB	R.P.M	ALIMENTAÇÃO	RESULTADO
1	450	40	BOM
2	710	80	BOM
3	900	125	MELHOR
4	1120	160	MELHOR

Quadro 8.3 Qualidade do material soldado

O alumínio é o melhor metal para o processo de soldadura por fricção, dando melhores resultados quando comparado com diferentes rpm e alimentação e, à medida que aumentamos as rpm, o resultado da soldadura melhora.

Capítulo 8

CONCLUSÃO E ÂMBITO FUTURO

CONCLUSÃO

Ao realizar a experiência acima, podemos concluir que o alumínio tem as melhores propriedades para o processo de soldadura por fricção. Neste projeto, o alumínio foi submetido a diferentes rotações e alimentações e realizámos vários testes, como o teste de microestrutura, o teste de tração, etc., observando todos os metais de soldadura e o processo do alumínio, que dá melhores resultados.

A soldadura de alumínio no processo de soldadura por fricção foi obtida com sucesso para diferentes velocidades de soldadura, velocidades de rotação e diferentes perfis. Foram obtidos os seguintes resultados.

A velocidade de rotação da ferramenta de 1400 rpm e a velocidade de deslocação de 40/40mm/min com perfil quadrado resultaram em boas propriedades mecânicas. A eficiência da junta é boa

Todas as juntas fsw falharam no lado do recuo, o que pode dever-se a uma distribuição incorrecta do calor no lado do recuo.

Na soldadura de alumínio, a soldadura não é efectuada a 900 rpm, a ferramenta roda a uma velocidade de 40mm/min, devido à falta de geração de calor.

A variação da dureza é observada ao longo da secção transversal das soldaduras, tendo-se verificado que a dureza mais baixa se encontra na zona de fusão dos cordões e na zona termomecânica afetada.

ÂMBITO DE APLICAÇÃO FUTURA

Os futuros avanços incluirão a utilização de uma bobina de indução e outros dispositivos, juntamente com a soldadura por fricção assistida por laser. Uma vez que não são libertados gases durante a operação, a soldadura por fricção é considerada um procedimento ecológico. A redução da temperatura de soldadura pode ter efeitos positivos no ambiente, na saúde e na utilização de energia e recursos.

REFERÊNCIAS

1. W. M. Thomas, I. M. Norris, D. G. Staines e E. R. Watts Friction Stir Welding-Process Developments and Variant Techniques. Documento apresentado na Cimeira das PME, Oconomowoc Milwaukee, EUA, 3 e 4 de agosto de 2005.

2. K. R. Suresh, H. B. Niranjan, P. Martin Jebaraj e M. P. Chowdiah "Propriedades de tração e desgaste dos compósitos de alumínio" Wear,255 (2003), pp638-642.

3. L.Ceschini,G.MinakeA.Morri "TensileandFatiguepropertiesoftheAA6061/20vol. %Al2O3andAA7005/10vol.%A12O3p Composites" Composites Science and Technology 66 (2006), pp333-342.

4. Miroslav M. Mijajlovi, Nenad T. Pavlovi "Experimental studies of parameters affecting the heat generation in friction stir weldingprocess" thermal science, Year 2012, Vol. 16, Suppl. 2, pp.S405-S417.

5. Indira Rani M., Marpu R. N. and A. C. S. Kumar "A study of process parameters of friction stir welded AA 6061 aluminum alloy in o and t6 conditions ARPN Journal of Engineering and Applied Sciences VOL. 6, NO. 2, fevereiro de 2011.

6. R.S.Mishraa,Z.Y. Mab "Friction stir welding and processing "Materials Science and Engineering R50(2005)1-78.

7. AhmedKhalidHussain,SyedAzamPashaQuadri "Evaluationofparametersoffrictionst irweldingforaluminiumAA6351alloy International Journal of Engineering Science and Technology Vol. 2(10), 2010,5977-5984.

8. R.Rai1,A.De,H.K.D.H.BhadeshiaandT.DebRoy "Review:frictionstirweldingtools" ScienceandTechnologyofWeldingandJoining 2011 VOL 16 NO4.

9. Moataz M. Attallaha, Hanadi G. Salemb, "Friction stir welding parameters: a tool for controlling abnormal grain growth duringsubsequent heat treatment" Materials Science and Engineering A 391 (2005)51-59.

10. S. Mandal, J. Rice, A. A. Elmustafa "Experimental and numerical investigation of the plun gestageinfrictiontirwelding" journal of materials processing technology 2 0 3 (2 0 0 8)411-419.

11. K. Kumar, Satish V. Kailas "The role of friction stir welding tool on material flow and weld formation Materials" Science andEngineering A 485 (2008)367-374.

12. Moataz M. Attallaha, Hanadi, G. Salemb, "Friction stir welding parameters: a tool for controlling abnormal grain growth duringsubsequent heat treatment Materials Science and Engineering A 391 (2005)51-59.

13. P. Bahemmat, A. Rahbari "Experimental study on the effect of rotational speed

and toolpin profile on aa2024 aluminium friction stir welded butt joints" 2008 ASME Early Career Technical Conference October 3-4,2008, Miami, Florida,USA.

ÍNDICE

Printed by Books on Demand GmbH, Norderstedt / Germany